❖ 不思議で奇麗な石の本 ❖
風景の石 パエジナ
山田英春

創元社

001. パエジナの原石
Paesina Stone, Montesanto, Nure valley,
Piacenza, Emilia Romagna, Italy
photo : Salvino Toscano

Contents

❖

はじめに　パエジナと風景石の世界　4

廃墟と奇岩のパエジナ　6

海辺の光景のパエジナ　36

幾何学模様・曲線模様のパエジナ　60

ルネサンス期のパエジナ・ブーム　72

パエジナの模様と産地　78

世界の風景石　80

はじめに
パエジナと風景石の世界
Introduction

　草木がまばらに生える荒地にそびえる岩山、切り立った断崖絶壁の間から見える青く穏やかな海、たなびく雲、空を舞う鳥と水平線の彼方に見える島影——。そんな風景画のように見える模様の石が大きな関心を集めたのは、ルネサンス期のフィレンツェだった。

　やがて石の評判はヨーロッパ各地に広まり、多くの王侯貴族などがこれを求めるようになる。どのようにして風景のような模様はできるのか、単なる偶然なのか、何か神秘の力によるものなのか——。さまざまな議論を伴いながら、このフィレンツェの石は、一種のブームといっていいほど多くの人の心をとらえた。宝石でもない石が、これほど深い関心を集めるのは、おそらく後にも先にもこの「風景の石」＝パエジナ・ストーン（以下パエジナと表記）をおいて他にないだろう。

　パエジナはイタリア北部、主に北アペニン山地で採れる、約5000万年前に海底で形成された石灰岩の一種だ。この産地の明るい色の石灰岩はアベレーゼと呼ばれ、古代から建築部材としてさまざまに使われてきた。その中に、都市の廃墟の姿を写しとったような独特の模様、風景画さながらの模様を見せるユニークな一群がある。これが「廃墟大理石（あばらや石）」「フィレンツェ石」「パエジナ石（風景の石）」などと呼ばれ、16-17世紀、メディチ家が統治するフィレンツェで珍重された。

　風景に似た模様をみせる石は世界各地に見られる。砂岩などの縞模様が丘の連なる地形に見えたり、黒い鉱物の脈と放射状の鉱物の結晶が花の咲く木の枝に見えたりなど、中国や日本には石の表面にうかぶ「絵」をたのしむ文化があり、観賞にあたいする石が多く採れる場所は銘石の産地として知られてきた。パエジナは、そうした「風景石」のヨーロッパにおける代表格だが、その模様は、他に似たものの無い個性を放っている。

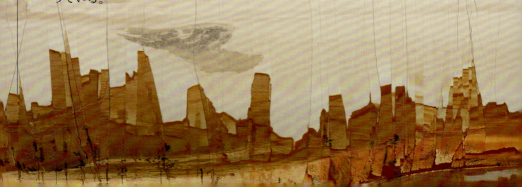

メディチ家は、めのうやジャスパーなどの半貴石を用いた非常に緻密なモザイク画の技法を完成させ、その素材として領地内のあらゆるタイプの石を収集していた。パエジナはフィレンツェ市街を流れるアルノー川流域で多く採取されたが、石の調査にあたったドミニコ会士アゴスティーノ・デル・リッシオは、「（アルノーの石には）母なる自然が作り上げた、愉快で幻想的な模様をさまざまに見ることができる」と記している。パエジナはモザイク画を作る上ですぐれた素材であっただけでなく、その模様は見る者を楽しませ、想像力を喚起する特別なものとして受けとめられた。そしてコジモ・デ・メディチの妻が所有したテーブルをはじめ、家具や教会の祭壇などにパエジナのプレートが装飾的に埋め込まれるようになっていく。

　風景画のように見える珍しい模様の石の評判は、メディチ家と交流のあったハプスブルク家のルドルフ２世など、ヨーロッパ諸国の王侯貴族の間に広がっていく。17世紀、富裕層の間では世界各地の珍奇な物を収めた博物収集室「驚異の部屋（グンダーカンマー）」をもつことが流行していたが、パエジナはこの部屋に陳列するにはもってこいの、まさに「驚異の石」となった。

　本書は「パエジナ」と総称されるイタリアの風景石、アルノー川周辺で採れるユニークな模様の石をタイプ別に掲載し、さらに、「風景石」と呼ばれる世界各地の石も収録している。石の断面に浮かぶさまざまなイメージ＝図像、また、それらが見る者の意識の中で多様な連想を生みながらつくりあげていくイメージの両方を楽しんでいただければと思う。

002. パエジナ（左右140mm）
Paesina Stone, near Florence,
Toscana, Italy

廃墟と奇岩のパエジナ

模様が建物の廃墟群のようにみえる「廃墟大理石＝ruin marble」と呼ばれる石はイタリア以外にもあるが、パエジナほどこの名にふさわしい石はない。パエジナの中でも、砂漠にうち捨てられた古代の都市の廃墟のように見えるもの、あるいはトルコのカッパドキアや米国ユタ州のモニュメント・バレーなど、奇岩の立ち並ぶ景観のように見えるものを紹介する。

003. パエジナ（左右73mm）
Paesina Stone, Montesanto, Nure valley, Piacenza, Emilia Romagna, Italy

004. パエジナ (270×78mm)
Paesina Stone, near Florence, Toscana, Italy

005. パエジナ (400×110mm)
Paesina Stone, near Florence, Toscana, Italy

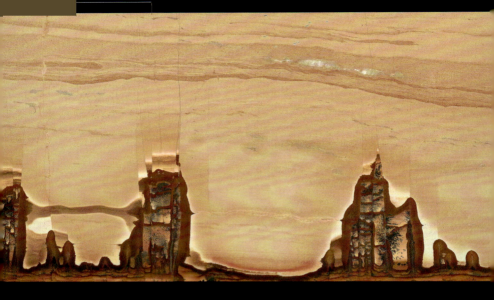

006. パエジナ（左右165mm）
Paesina Stone, Montesanto, Nure valley,
Piacenza, Emilia Romagna, Italy

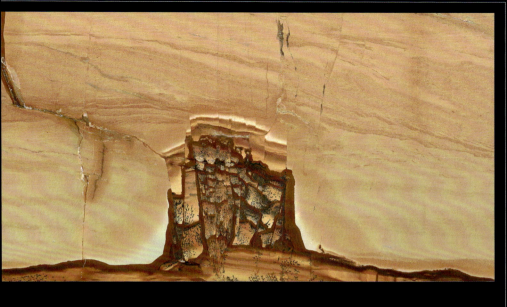

007. パエジナ (335×88mm)
Paesina Stone, near Florence, Toscana, Italy

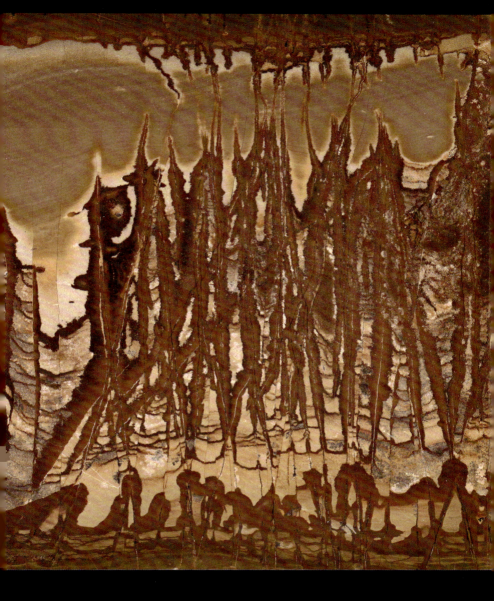

008. パエジナ（80×45mm）
Paesina Stone, Monte Morello, north of Florence, Toscana, Italy

009. パエジナ (200×55mm)
Paesina Stone, near Florence, Toscana, Italy

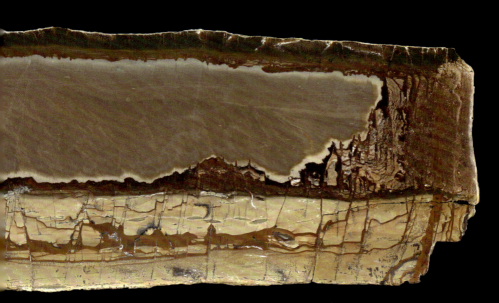

010. パエジナ (160×50mm)
Paesina Stone, Monte Morello, north of Florence, Toscana, Italy

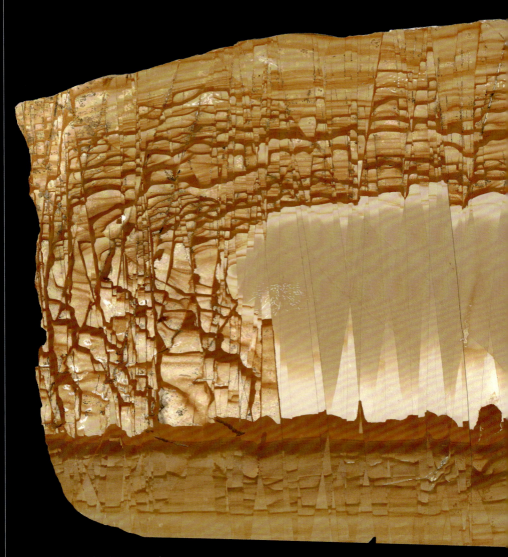

011. パエジナ (178×92mm)
Paesina Stone, near Florence, Toscana, Italy

012. パエジナ（205×105mm）
Paesina Stone, near Florence, Toscana, Italy

013. パエジナ（105×66mm）
Paesina Stone, near Florence, Toscana, Italy

014. パエジナ（125×60mm）
Paesina Stone, Montesanto, Nure valley,
Piacenza, Emilia Romagna, Italy

015. パエジナ（表示部分の天地約55mm）
Paesina Stone, near Florence, Toscana, Italy

016. パエジナ（170×138mm）
Paesina Stone, near Florence, Toscana, Italy

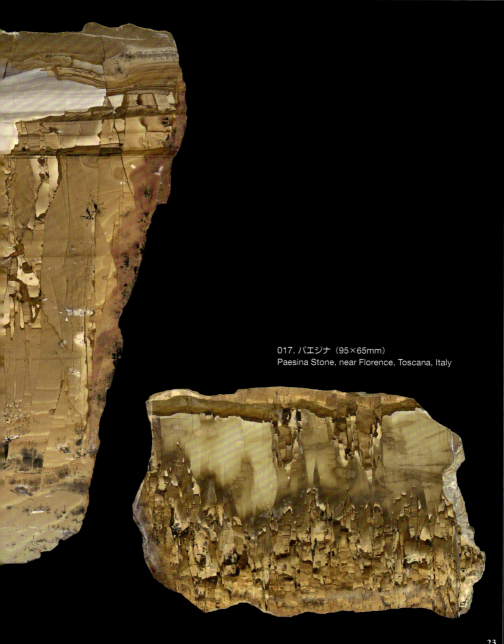

017. パエジナ（95×65mm）
Paesina Stone, near Florence, Toscana, Italy

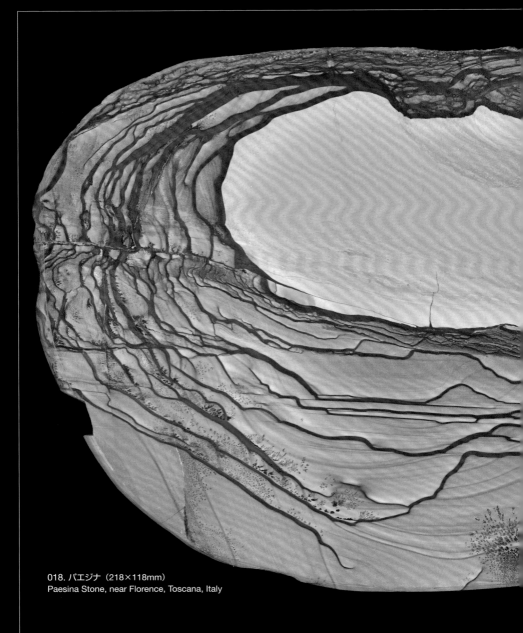

018. パエジナ（218×118mm）
Paesina Stone, near Florence, Toscana, Italy

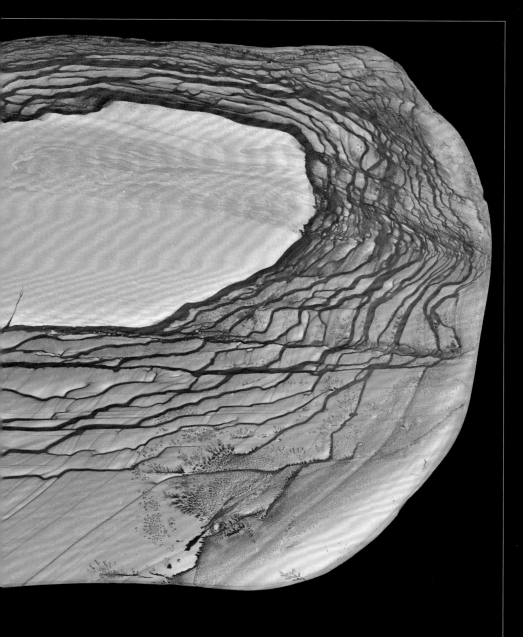

019. パエジナ (155×105mm)
Paesina Stone, near Florence, Toscana, Italy

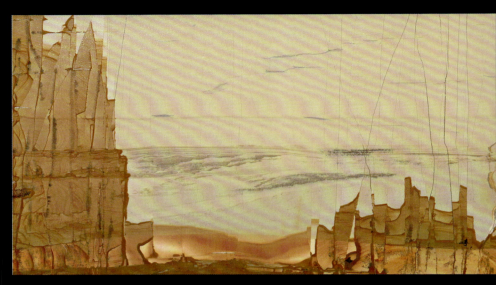

020. パエジナ（170×52mm）
Paesina Stone, near Florence, Toscana, Italy

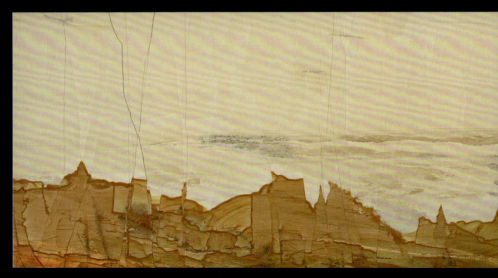

021. パエジナ（153×44mm）
Paesina Stone, near Florence, Toscana, Italy

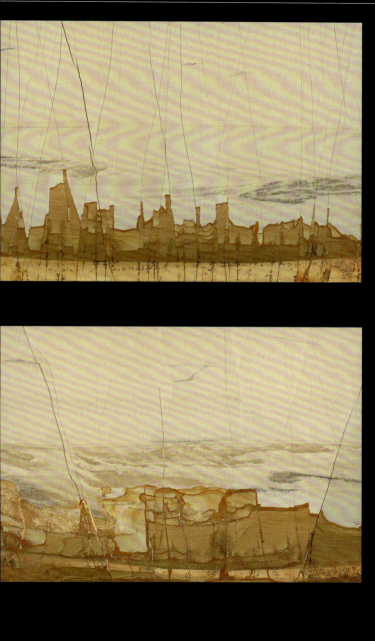

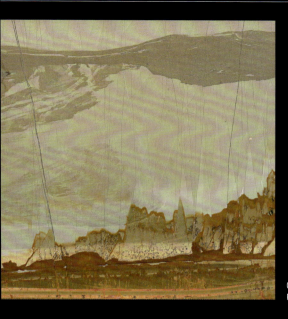

022. パエジナ (154×51mm)
Paesina Stone, near Florence, Toscana, Italy

023. パエジナ (121×44mm)
Paesina Stone, near Florence, Toscana, Italy

024. パエジナ（168×95mm）
Paesina Stone, near Florence, Toscana, Italy

025. パエジナ（151×82mm）
Paesina Stone, near Florence, Toscana, Italy

026. パエジナ（151×82mm）
Paesina Stone, near Florence, Toscana, Italy

027. パエジナ（130×58mm）
Paesina Stone, Montesanto, Nure valley,
Piacenza, Emilia Romagna, Italy

028. パエジナ（175×55mm）
Paesina Stone, Montesanto, Nure valley,
Piacenza, Emilia Romagna, Italy

029. パエジナ（155×55mm）
Paesina Stone, Montesanto, Nure valley,
Piacenza, Emilia Romagna, Italy

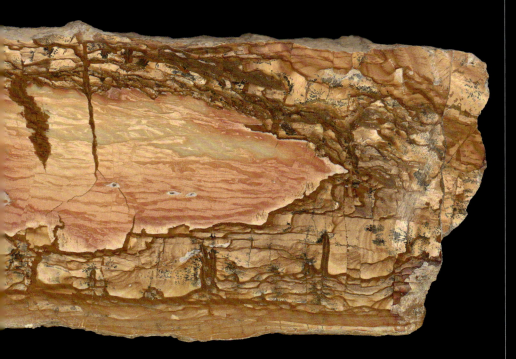

海辺の光景のパエジナ

パエジナの中で、一部が水平に青く染まっているものがある。
青い部分には細かい白波がたっているかのような模様もあり、遠くに島影が見えるものもある。
こうした「海」のあるタイプのパエジナはルネサンス期の工芸品に使われていたが、
長く産地が不明だった。フィレンツェの石愛好家によって再発見され、
再び流通するようになり、現在に至っている。

030. パエジナ（250×104mm）
Paesina Stone, near Florence, Toscana, Italy

032. パエジナ (275×96mm)
Paesina Stone, near Florence, Toscana, Italy

031. パエジナ（230×103mm）
Paesina Stone, near Florence, Toscana, Italy

033. パエジナ（160×130mm）
Paesina Stone, near Florence, Toscana, Italy

034. パエジナ（90×113mm）
Paesina Stone, near Florence, Toscana, Italy

035. パエジナ（表示部分天地103mm）
Paesina Stone, near Florence, Toscana, Italy

036. パエジナ（105×105mm）
Paesina Stone, near Florence, Toscana, Italy

037. パエジナ (160×130mm)
Paesina Stone, near Florence, Toscana, Italy

038. パエジナ（185×120mm）
Paesina Stone, near Florence, Toscana, Italy

039. パエジナ (185×120mm)
Paesina Stone, near Florence, Toscana, Italy

040. パエジナ (185×120mm)
Paesina Stone, near Florence,
Toscana, Italy

041. パエジナ (125×115mm)
Paesina Stone, near Florence, Toscana, Italy

042. パエジナ (212×108mm)
Paesina Stone, near Florence, Toscana, Italy

043. パエジナ（表示部分左右290mm）
Paesina Stone, near Florence, Toscana, Italy

044. パエジナ (150×100mm)
Paesina Stone, near Florence, Toscana, Italy
photo:Carion Mineraux

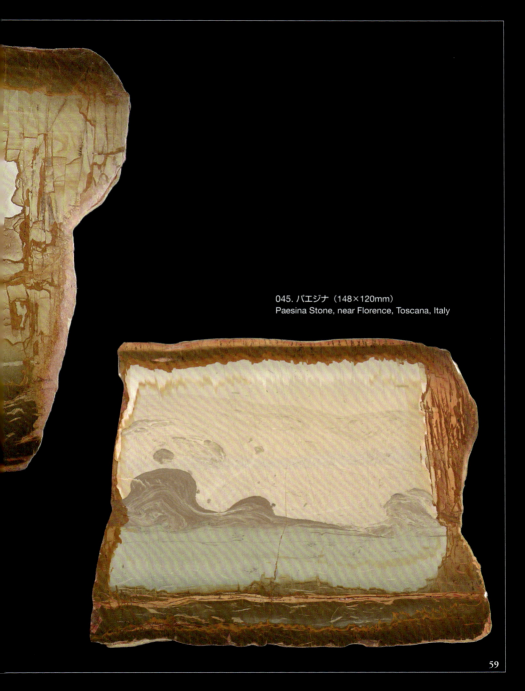

045. パエジナ (148×120mm)
Paesina Stone, near Florence, Toscana, Italy

幾何学模様・曲線模様のパエジナ

パエジナと総称される石の中に、風景には見えないが、
縦横無尽に走る亀裂や年輪状の曲線が非常にユニークな模様を造り出しているものがある。
特に、アルノー川流域で採れる「アルノーの緑 verde d'Arno」は、
深い緑色と幾何学的な色面構成が、さながらパウル・クレーの絵画のような印象をあたえ、
現代美術の作品と見まがうような、とてもユニークな石だ。

046. パエジナ（表示部分の左右105mm）
Paesina Stone, near Florence, Toscana, Italy

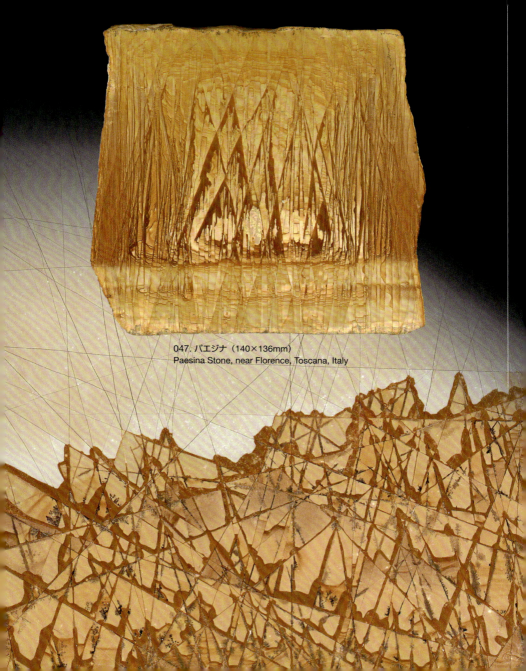

047. パエジナ (140×136mm)
Paesina Stone, near Florence, Toscana, Italy

048. パエジナ（205×145mm）
Paesina Stone, near Florence, Toscana, Italy

049. パエジナ（アルノーの緑）（138×80mm）
Paesina Stone（Verde d'Arno），
near Florence, Toscana, Italy

050. パエジナ（アルノーの緑）（127×62mm）
Paesina Stone（Verde d'Arno），near Florence,
Toscana, Italy

51. パエジナ
（アルノーの緑）
(127×62mm)
Paesina Stone
(Verde d'Arno),
near Florence,
Toscana, Italy

052. パエジナ（アルノーの緑）（120×94mm）
Paesina Stone（Verde d'Arno）,
near Florence, Toscana, Italy

053. パエジナ（アルノーの緑）
（150×96mm）
Paesina Stone（Verde d'Arno）,
near Florence, Toscana, Italy

054. パエジナ
(アルノーの緑)
(表示部分天地118mm)
Paesina Stone (Verde d'Arno),
near Florence, Toscana, Italy

055. パエジナ（アルノーの緑）（125×90mm）
Paesina Stone（Verde d'Arno），
near Florence, Toscana, Italy

056. パエジナ
（アルノーの緑）（112×93mm），
Paesina Stone（Verde d'Arno），
near Florence, Toscana, Italy

057. パエジナ（アルノーの緑）（200×140mm）
Paesina Stone（Verde d'Arno），
near Florence, Toscana, Italy

058. パエジナ（130×112mm）
Paesina Stone (Lineato d'Arno),
near Florence, Toscana, Italy

059. パエジナ（138×185mm）
Paesina Stone (Lineato d'Arno),
near Florence, Toscana, Italy

060. パエジナ（112×118mm）
Paesina Stone (Lineato d'Arno),
near Florence, Toscana, Italy

ルネサンス期のパエジナ・ブーム

　もしあなたが何か絵画の場面を創造する必要に迫られたとき、染みなどで汚れた、またはさまざまな種類の石が使われている石の壁をよく見るといい。そのなかに山や川、岩、森、広大な平原や丘や峡谷などにいろどられた、さまざまな情景を見いだすことができるだろう――。

　　　　　　――レオナルド・ダ・ヴィンチ

　パエジナはルネサンス期に注目されたが、その時代に初めて発見されたわけではない。紀元前13世紀頃のミケーネの要塞の壁にはじまり、エーゲ海文明の建築に使用されていた。フィレンツェ市街を流れ海に注ぐアルノー川でもさまざまなパエジナが採れたので、古くから知られていたはずだ。だが、ルネサンス期の自然の詳細を観察する眼差しと、フィレンツェのモザイク画の興隆によって、この石の模様が風景に似ていることがあらためて「発見」されたと言っていいかもしれない。

　メディチ家は1588年に石工房 Opificio delle Pietre Dure を設立したが、そこには領地内で採れるさまざまな石が大量に集められていた。石は薄い板に切り出され、表面を滑らかに研磨された。石の細かな模様や色は、磨かれることではじめて鮮明に見えてくる。こうして、大きなパエジナの原石から数十という数の「絵」が取り出され、鑑賞されるようになっていった。

　17世紀、パエジナはヨーロッパの他の国でも人気を呼ぶようになるが、この石を北方の国々に伝える上で大きな役割を演じたのは、アウグスブルクの商人、美術収集家のフィリップ・ハインホッファーだった。イタリアの大学に学んだ彼はこの石に魅了され、フィレンツェに住んでいた兄弟を通じて石を入手、加工して、珍しい石や貝などを多数埋め込んだ、「驚異の部屋」の家具版ともいえる「クンストシュランク（美のキャビネット）」を作成し、王侯貴族たちに納品していた。

　こうしたキャビネットなどに埋め込まれたパエジナには、しばしば旧約聖書やギリシア神話の場面などが描き込まれていた。パエジナの複雑怪奇な模様は、その上に人物を配置するだけで、壮大なスペクタクルを演出する背景として充分な力をもっていたし、また、それは自然が造り出した美と人間が生んだ美が見事に融合したものとして讃美された。まるで冒頭のダ・ヴィンチの言葉がそのまま忠実に実行されたかのようだ。

　パエジナやめのうなどの石の模様の上に絵を描くことの流行は、石に描かれた絵をまるごと忠実に模写した作品や、石の上に描かれているかのような絵を描くという、自然の写し絵のように見える石の写し絵を作るという、ある種転倒した作品さえ生んだのだった。

　パエジナが珍重されたのは、その風景に似た模様には、何らかの神秘的な力が働いてい

フィリップ・ハインホッファーがつくった「クンストシュランク」の代表的なもの。アウグスブルク市からスウェーデン王グスタフ2世アドルフに献上された。最上部の観音開きの部分にハープシコードの鍵盤とともにパエジナが埋め込まれている。パエジナには旧約聖書の場面が描かれている。下はこのキャビネットの基壇部についていた折り畳み式テーブルの天板。パエジナとフィレンツェ様式のモザイクがあしらわれている。（Uppsala University Art Collections）

キャビネット上部のパエジナと鍵盤。パエジナには旧約聖書の場面が描かれている。

ると考えられたからでもある。そもそも石というものがどのようにしてできるのか、定説のなかった時代だ。パエジナの中に自然の景観とそっくりな模様があるということは、石の中に魚などの形（化石）が入っている、または人の顔や十字架や文字のように見える模様があるということなどとひとくくりにされ、「絵のある石」として論じられていた。

当時、自然の造形は天体の力に左右されているという考え方は有力で、パエジナの中に周囲の地形と似た模様が入ってるのはそのためだとも考えられていた。フランスではパリにフィレンツェの職人を招いた石工房ができ、政治家リシュリューやマザランもパエジナの熱心な愛好者になった。なかでもマザランの司書を務めた東洋学者ジャック・ガファレルは、石の模様の中に「絵」が見てとれるものには、天の精霊の力によって生まれた特別な

ステーファノ・デッラ・ベッラによる、パエジナの上に描かれた絵。「メデューサの首をもつペルセウス」（上）と、「ペルセウスに救出されるアンドロメダ」（下） 1637-1639 年。

力をもつものがあると考え、これを「ガマエ」と呼んだ。

また、地中には「形を生む力」があり、無生物も生物と同じような形になることがあるのだという説も支持されていた。天地創造の下絵、または旧約聖書が記すソドムとゴモラの崩壊の場面、大洪水で滅びる前の世界の姿など、神の何かしらの意図がこめられていると考えた者もいれば、物質を「石化」する力をもった霊気が、石に周囲の景観を転写したのではないかという説もあった。

17世紀を代表する博学者アタナシウス・キルヒャーは、地学書『地下世界』の中で「絵のある石」について論じている。彼はローマの大学で教えていたが、そこでサン・セバスティアーノ寺院の祭壇に埋め込まれたパエジナを見ており、これに言及している。彼によれば「絵のある石」は、単なる偶然の産物、ある種の気体が土に埋もれた生き物や遺物または周囲の環境を石化したもの、似かよ

アタナシウス・キルヒャー『地下世界』に収録された「塔のある町並みの図像のある石」の図版。窓があるなど、誇張されているが、パエジナを描いたものとみられる。

った形を引き寄せる磁気によるもの、神と天使によってなされたもの、の四つに分類できるとしている。パエジナの「絵」は、当時の自然科学にとって大きな関心事だったのだ。

18世紀に近代的な地質学・古生物学が確立されていくにつれ、パエジナは学問の世界での地位を失っていく。地球の過去も少しずつ解明されていき、「絵のある石」といっても、太古の生物の形が残っている化石と、鉱物の結晶が木のような形になったものと、風

17世紀フランドルの画家マチュー・デュビスによって描かれた「ソドムとゴモラの崩壊」。石のテクスチャーの上に描かれているように見えるが、すべて手描きの絵。

17世紀前半に南ドイツで作られた、パエジナを埋め込んだキャビネット。(INTERFOTO / Alamy Stock Photo)

景画のように見える石とは全く別種のものであることがわかってきた。パエジナの模様が風景に見えるのは、単なる偶然の産物であって、そこに特別な意味はないのだということが地学書でも強調されるようになった。「驚異の部屋」で自然の神秘を語る石として陳列されていたパエジナだったが、近代的な博物館では置き場所がなくなってしまったのだ。

パエジナは19世紀初頭までは、富裕層の家具や内装などに使われていたが、こうしたことも廃れていく。再び注目されるのは、20世紀半ば、芸術の世界だ。アゴスティーノ・デル・リッシオが表現したように、パエジナは「母なる自然が作り上げた、愉快で幻想的な模様」であり、個人の夢想や視覚的戯

れをこそ重視したシュルレアリストたちにとっても、強いイメージの喚起力をもった特別な石となった。フランスの学者ユルギス・バルトルシャイティスの『アベラシオン』やロジェ・カイヨワの『石が書く』などで紹介されると、再びこの石を求めようとする人が増え、美術品としてギャラリーで扱われるようにもなった。

日本でもパエジナは『石が書く』や澁澤龍彦の読者の間などで知られていたが、近年、鉱物愛好家の間でも関心が高まってきた。ヨーロッパで大流行してから400年以上経ち、世界各地でさまざまに新しい石が発見されてもなお、この石の個性は唯一無二であり、多くの人を惹きつけ続けている。

フランス、17世紀に建てられたヴォー=ル=ヴィコント城のクローゼット。引き出しひとつずつにパエジナが埋め込まれている。(Godong / Alamy Stock Photo)

フィレンツェには現在も伝統的な工法で石のモザイク画を作るアーティストがいる。弓形の糸のこぎりで石を切るモザイク作家 Lituana di Sabatino 氏とパエジナを使ったモザイク作品。https://www.lanuovamusiva.com

パエジナの模様と産地

パエジナの最大の特徴は、縞模様と幾何学模様の合わさった非常に複雑な造形だ。縞模様がランダムに横断する直線によって細かく寸断され、複雑にずれ、それが険しい岩山や崩れかけた廃墟のような印象をもたらす形を生み出している。岩塊をカットすると、断面の端の部分が大地や山を連想させる黄土色や茶色の縞模様に染まっているのに対し、中央部は薄いベージュや灰色で、そこに海を思わせる青い部分、または長くたなびく灰色の雲のような形があり、これらのコンビネーションが、見る者に直感的に、これは「風景」であると感じさせるのだ。

パエジナの模様ができるプロセスにはさまざまな議論がある。縞模様がずれて、粗く貼り合わせたモザイクのようになっているのは、模様のある石灰岩が地殻変動で細かく砕け、それが再び接着されたためではないかという見方があったが、分析により、パエジナの中にある細かい亀裂の多くは主に海底の堆積物が圧力などによって岩石になる途中の段階（続成作用）の過程で起きたものとわかった。

縞模様はリーゼガング現象と呼ばれるもので、堆積岩中によく見られる、ゲル状の媒質の中で異なる物質が混ざりあったときにできるパターンだ。堆積層にこうした縞状の構造が形成されてから無数の亀裂が入ることで、バラバラで不定形の立体ブロックの集まりのようになり、それがさまざまにずれてから硬く圧縮されていくことで、断面の模様の不連続が生まれているという説が有力とされている。

細かい亀裂面は、海底で染み込んだ炭酸カルシウムの結晶＝方解石が薄くコーティングしている。その後、無数の亀裂から地下水が染み込み、鉄分を酸化させることで、赤茶色、深緑色に染まっていくが、コーティングの壁によって、それぞれのブロックは独立して染まっていく。パエジナの模様に亀裂で仕切られた多角形の塗り絵のような模様があることや、多くが外側から内側へ向かってグラデーションのように染まっている部分があるのは、このためだ。樹木のような形は、やはり亀裂にそって二酸化マンガンの結晶が樹状に成長した姿だ。

パエジナはフィレンツェ近郊で採れるものが最も有名だが、イタリアの各地で似たタイプの石灰岩が採れ、これらは全てパエジナと呼ばれている。ただ、販売されているものは産地を表示したものがほとんどなく、本書では採取した人から確かな情報を得ているものに限って表記した。

　パエジナには大規模に採掘ができるような場所は無い。ルネサンス期に主に採掘が行われたのはフィレンツェの東、アルノー川沿いの Rimaggio だったが、ここは採り尽くされてしまった。その後は Monte Morello、Fiesole など、主にフィレンツェ周辺のいくつかの丘陵地で小規模な採取がおこなわれてきた。堆積層の露頭から掘り出すこともあるが、ブロック状に割れ落ちて地中に埋まっているものが掘り出されることも多い。アルノー川でも採取される。

　採取地は秘匿されていたことも多かったようで、需要が無くなっていくにつれ、産地についても継承されることなく、忘れられていった。1970年代初頭、フィレンツェの北東にある Doccia の林に、ひとりの老人が石がいっぱいに詰まったザックにもたれるようにして亡くなっているのが発見されたが、彼は石の在りかを代々ひそかに継承して、モザイク作家のために細々と採掘してきた家系の最後の者だったという。

　ほぼ採掘が途絶えていたパエジナだが、1970年代くらいから、新たに石の産地を探索する者が現れ、再び市場にコレクション用として現れるようになる。海のような風景が入ったものは 90 年代になってから再発見されたものだ。

Paesina Stone,
Montesanto, Nure valley,
Piacenza, Emilia Romagna, Italy

原石から厚さ 8 ミリ程度の板に切り分けられたパエジナ。隣合ったスライスでも模様は大きく変わっていく。photo : Salvino Toscano

79

世界の風景石

パエジナ以外にも世界にはさまざまな「風景石」と呼ばれる石がある。
アメリカ・オレゴン州のピクチャー・ジャスパーを中心に、世界各地の風景の石を紹介する。

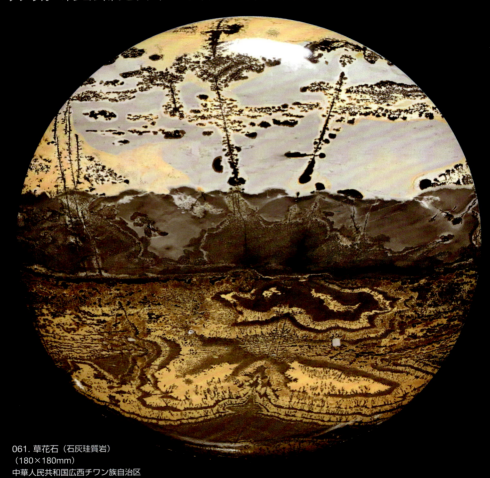

061. 草花石（石灰珪質岩）
（180×180mm）
中華人民共和国広西チワン族自治区

中国は、石の模様を風景や草花などに見たてて鑑賞する文化の歴史が、世界のどの地域よりも長く、深い。石が描く「絵」に画題をつけ、名付けた人の落款を入れることも少なくない。20世紀末に発見された「草花石」は産出量も多く、世界的に知られるようになった。竹林や雲海の中の岩山を思わせる模様のものが好まれるのはお国柄かもしれない。

062. 大理石（左右約250mm）
中華人民共和国浙江省、泰山

063. 蛇紋岩（450×450mm）
中華人民共和国遼寧省

064. 草花石（石灰珪質岩）(210×110mm)
中華人民共和国広西チワン族自治区

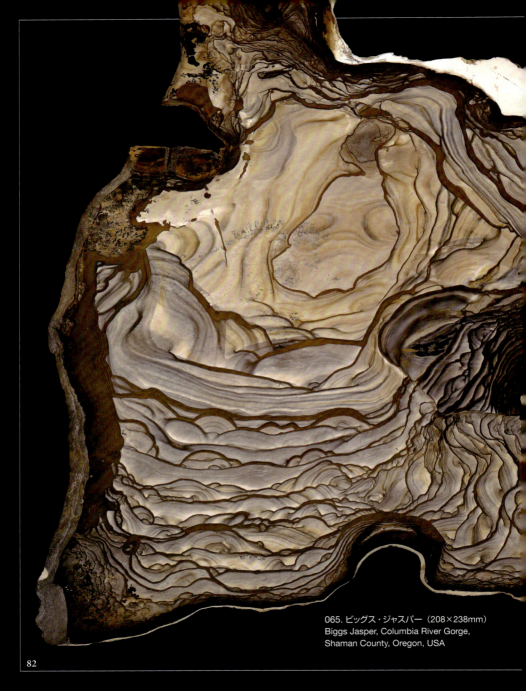

065. ビッグス・ジャスパー（208×238mm）
Biggs Jasper, Columbia River Gorge,
Shaman County, Oregon, USA

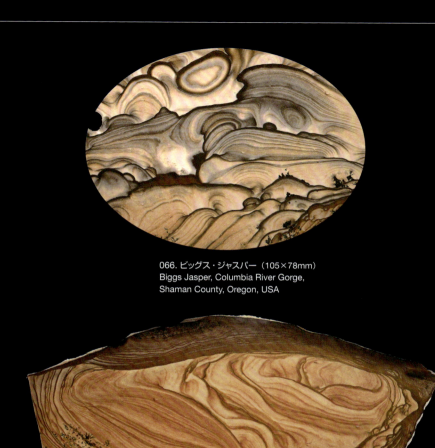

066. ビッグス・ジャスパー（105×78mm）
Biggs Jasper, Columbia River Gorge,
Shaman County, Oregon, USA

067. ビッグス・ジャスパー
（148×96mm）
Biggs Jasper, Columbia River Gorge,
Shaman County, Oregon, USA

アメリカ・オレゴン州中部、コロンビア川沿いで産したビッグズ・ジャスパーは粒子が緻密で硬く、研磨すると高い光沢がえられる高品質のジャスパーとして知られる。模様は大きな波形のうねりが連続したもので、起伏の多い、丘の連なる風景を思わせる。まばらに入ったマンガンの樹状の結晶もまた風景らしさを高めている。

83

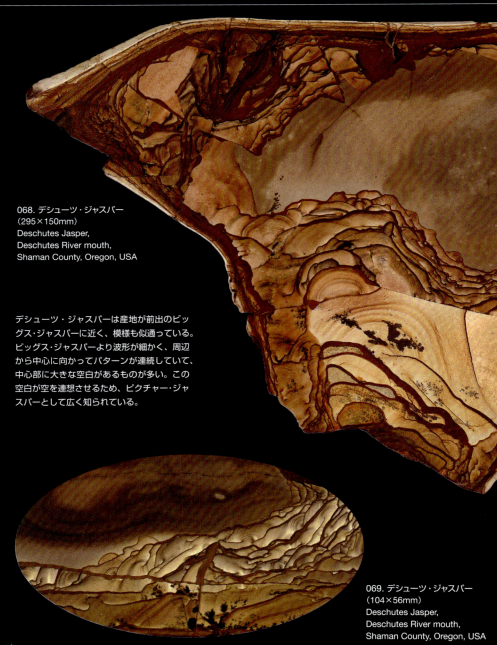

068. デシューツ・ジャスパー
(295×150mm)
Deschutes Jasper,
Deschutes River mouth,
Shaman County, Oregon, USA

デシューツ・ジャスパーは産地が前出のビッグス・ジャスパーに近く、模様も似通っている。ビッグス・ジャスパーより波形が細かく、周辺から中心に向かってパターンが連続していて、中心部に大きな空白があるものが多い。この空白が空を連想させるため、ピクチャー・ジャスパーとして広く知られている。

069. デシューツ・ジャスパー
(104×56mm)
Deschutes Jasper,
Deschutes River mouth,
Shaman County, Oregon, USA

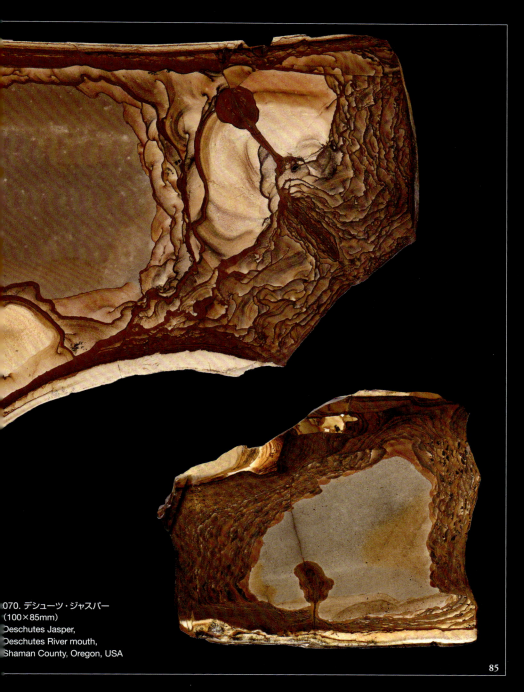

070. デシューツ・ジャスパー
(100×85mm)
Deschutes Jasper,
Deschutes River mouth,
Shaman County, Oregon, USA

071. オワイヒー・ジャスパー (225×160mm)
Owyhee Jasper, east of Owyhee river canyon,
Malheur County, Oregon, USA

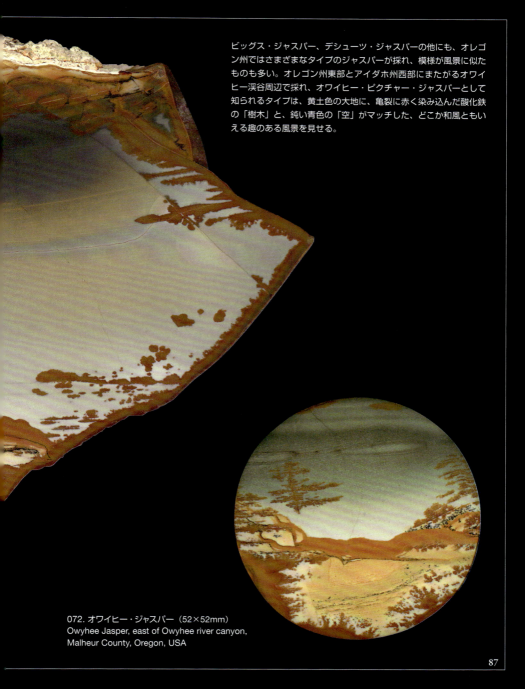

ビッグス・ジャスパー、デシューツ・ジャスパーの他にも、オレゴン州ではさまざまなタイプのジャスパーが採れ、模様が風景に似たものも多い。オレゴン州東部とアイダホ州西部にまたがるオワイヒー渓谷周辺で採れ、オワイヒー・ピクチャー・ジャスパーとして知られるタイプは、黄土色の大地に、亀裂に赤く染み込んだ酸化鉄の「樹木」と、鈍い青色の「空」がマッチした、どこか和風ともいえる趣のある風景を見せる。

072. オワイヒー・ジャスパー（52×52mm）
Owyhee Jasper, east of Owyhee river canyon,
Malheur County, Oregon, USA

073. ワイルドホース・ジャスパー (160×90mm)
Wildhorse Jasper, east of Owyhee river canyon,
Malheur County, Oregon, USA

074. ディザスター・ピーク・ジャスパー (205×80mm)
Disaster Peak Jasper, McDermitt,
Malheur County, Oregon, USA

075. アパッチ・ライオライト (流紋岩) (64×46mm)
Apache Rhyolite, near Deming, New Mexico, USA

076. クリップル・クリーク・ジャスパー（155×85mm）
Cripple Creek Jasper, Crisman Hill, Malheur County, Oregon, USA

077. アロヨ・ジャスパー（190×60mm）
Arroyo Jasper, McDermitt, Malheur County, Oregon, USA

078. パロミノ・ジャスパー（115×35mm）
Palomino Jasper, McDermitt, Malheur County, Oregon, USA

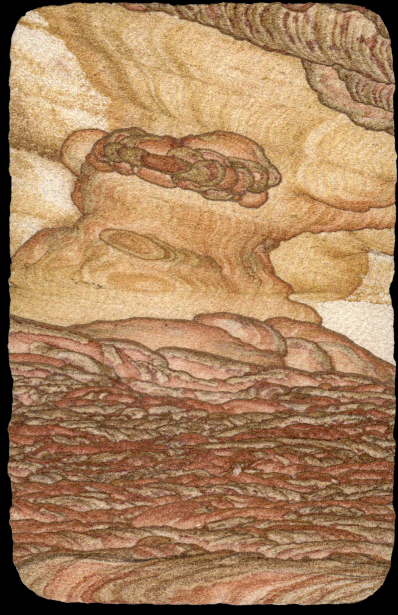

079. カナブ・ワンダーストーン（砂岩）（144×230mm） Kanab Wonderstone, Kane County, Utah, USA

080. ウェーブ・ドロマイト（苦灰岩）
（110×98mm）
Wave Dolomite, Mexico

081. ロイヤル・サハラ・ジャスパー
（43×68mm）
Royal Sahara Jasper,
Eastern Sahara Desert, Egypt

アメリカ・ユタ州では砂漠の風景のような模様が入った砂岩がとれるが、カナブ産のものは赤く色づいたダイナミックな模様で、まるで赤い縞模様の砂岩の連なるこの地域の風景のミニチュアのように見える。
メキシコのウェーブ・ドロマイトはピンクがかったうねるような縞模様が特徴で、アクセサリーなどに加工されている。
エジプトのロイヤル・サハラ・ジャスパーは卵からキウイくらいの大きさの、丸い団塊状のジャスパーで、やはり中に小さな風景が閉じこめられている。

082. コタム・マーブル（石灰岩）（210×70mm）
Cotham Marble, Bristol, United Kingdom

パエジナと並んでヨーロッパ産の「風景石」として有名なのが、イギリスのブリストル近郊で採れる石灰岩、コタム・マーブルだ。藻類の化石を含んでおり、これが木立の並ぶ景色のように見える。

083. コタム・マーブル（石灰岩）(205×65mm)
Cotham Marble, Bristol, United Kingdom

084. めのう (29×19mm)　Agate, Rio Grande do Sul, Brazil

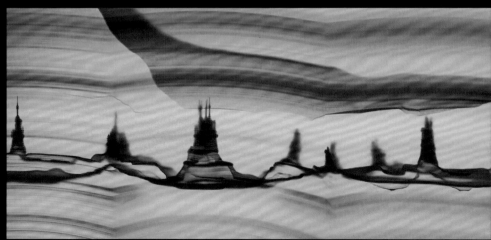

085. めのう (33×18mm)　Agate, Rio Grande do Sul, Brazil

ブラジルのめのうを薄く切ったものには、光りに透かし、拡大して見るとまるで砂漠に建つ塔のある遺跡群のような、あるいはゴシック教会のような模様が現れるものがある。上の二つはいずれも幅約3センチほどの小さな切片の中にあるミクロの風景だ。

カザフスタンで採れる樹状の金属の結晶を含んだめのうも、風景石として知られる。砂漠で採れる石だが冬景色のような模様を見せる。

086. めのう (74×110mm)
Agate, Pstan,
Karagandy, Kazakhstan

087. めのう (52×34mm)
Agate, Pstan,
Karagandy, Kazakhstan

著者略歴

山田英春 (やまだ・ひではる)

1962年東京生まれ。国際基督教大学卒業。
出版社勤務を経て、現在書籍の装丁を専門にするデザイナー。
著書に『巨石――イギリス・アイルランドの古代を歩く』(早川書房、2006年)、『不思議で美しい石の図鑑』(創元社、2012年)、『石の卵――たくさんのふしぎ傑作集』(福音館書店、2014年)、『インサイド・ザ・ストーン』(創元社、2015年)、『四万年の絵』(『たくさんのふしぎ』2016年7月号、福音館書店)、『奇妙で美しい石の世界』(ちくま新書、2017年)、編書に『美しいアンティーク鉱物画の本』(創元社、2016年)、『美しいアンティーク生物画の本――クラゲ・ウニ・ヒトデ篇』(創元社、2017年)、『奇岩の世界』(創元社、2018年) がある。
website: http://www.lithos-graphics.com/

不思議で奇麗な石の本 風景の石 パエジナ

2019年11月20日第1版第1刷 発行

著 者―――山田英春
発行者―――矢部敬一
発行所―――株式会社創元社
　　　　　https://www.sogensha.co.jp/
　　　　　本社▶〒541-0047 大阪市中央区淡路町 4-3-6　Tel.06-6231-9010 Fax.06-6233-3111
　　　　　東京支店▶〒101-0051 東京都千代田区神田神保町 1-2　田辺ビル　Tel.03-6811-0662
ブックデザイン―――山田英春
印刷所―――図書印刷株式会社

©2019 Hideharu Yamada, Printed in Japan　ISBN978-4-422-44020-0　C0344
〈検印廃止〉落丁・乱丁のときはお取り替えいたします。

〈出版者著作権管理機構 委託出版物〉 JCOPY
本書の無断複製は著作権法上での例外を除き禁じられています。
複製される場合は、そのつど事前に、出版者著作権管理機構
(電話 03-5244-5088、FAX 03-5244-5089、e-mail: info@jcopy.or.jp) の許諾を得てください。

本書の感想をお寄せください
投稿フォームはこちらから▶▶▶